과학자의 글쓰기 3

아프리카 돼지열병

African Swine Fever

김현일

I

2019년 10월 2일까지

체코의 전략

2019년 10월 2일, 경기도 연천군 근처 비무장지대에서 야생 멧돼지 사체가 발견되었다. 남한과 북한을 나누는 군사분계선과 남방한계선의 폭은 대략 2km 정도다. 멧돼지가 발견된 곳은 남방한계선에서 1.4km, 군사분계선에서 0.6km 떨어진 곳이었다. 야생 멧돼지에서는 아프리카돼지열병(African Swine Fever, 이하 ASF) 바이러스가 검출되었다. 군부대가 발견하고 국립환경과학원에서 검사를 했는데 양성이었다.

이 멧돼지가 북한에서 ASF에 걸려 남쪽으로 내려오다 죽었다고 단정하기는 어렵다. ASF 바이러스에 감염된 야생 멧돼지 사체가 발견된 시기와 남한에서 ASF의 발병이 보고된 시점을 비교하면, 남한에서 발생한 ASF 바이러스에 감염된 멧돼지일 가능성도 있기 때문이다.

중요한 것은 야생 멧돼지가 감염되었다는 사

실이다. 야생 멧돼지는 가족이 무리를 지어 다닌다. 즉 멧돼지 가족 전체가 감염되어 있을 가능성이 있다. 여기에 멧돼지가 야생에서 죽을 경우, 사체를 먹이로 이용하는 다른 야생 동물에 의한 물리적 확산 가능성이 좀더 올라간다.

따라서 야생 멧돼지에서 ASF 바이러스가 확인되었다면, 야생 멧돼지로 인한 확산을 막을 방법을 찾아야 한다. 체코의 사례를 보자.

2017년에 6월 21일, 체코에서 처음으로 ASF 양성인 야생 멧돼지가 발견되었다. 체코 정부는 2017년 6월 27일, 감염 지역(infected area)을 설정하고 전문가 그룹을 구성해 확산 방지 대책을 짰다. 7월 13일부터 감염 지역 주변을 집중 수렵 지역으로 발표했다. 고위험 지역에는 냄새기피제(smell fence)도 설치했다. 냄새기피제의 효과에 대해서는 논란이 있지만, 야생 멧돼지의 습성을 바탕으로 한 대책이었다. 곧이어 7월 31일,

고위험 지역 주변에 전기 울타리를 설치한다. 야생 멧돼지를 잡으면서 가두어 두는 전략이었다.

이렇게 위험성 있는 돼지들을 가두어 두는 것만으로도 양성인 야생 멧돼지로 인한 확산을 막을 수 있었다. 사냥을 피한 감염된 개체들은 ASF 때문에 자연스럽게 고립된 지역에서 죽었기 때문이다. 사냥된 야생 멧돼지에서 2018년 2월 8일, 고립 지역에서 폐사한 야생 멧돼지에서 2018년 4월 15일, 마지막으로 ASF 바이러스가 발견되었다.

한국에 나타난 아프리카 돼지열병

한국에서 처음으로 ASF가 발견된 농장으로 가보자. 해당 농장은 국내에서도 관리가 잘 되기로 소문난 우수 농장이었다. 농장주는 돼지에 이상 증상이 있다는 것을 2019년 9월 13일에 발견한다. 발열이었다. 농장주는 9월 13일과 15일

이틀에 걸쳐 항생제와 대사촉진제를 주사한다. 두 번째 주사 치료를 실시한 다음 날인 9월 16일 치료를 받던 다섯 마리의 어미 돼지(이하 모돈)가 폐사했다.

모돈의 평균 몸무게는 250kg 정도인데, 이렇게 큰 대형 포유동물이 열이 나기 시작한 지 4일 만에 모두 폐사한 것이다. 농장주는 당시 외국 체류 중이던 주치 수의사와 상의해 폐사 돼지를 부검했다. 부검 결과를 전달받은 수의사는 ASF에 대해서 잘 알고 있었다. 수의사는 농장주에게 곧바로 ASF 의심 신고할 것을 지시했다.

수의사의 입장이 되어보자. 돼지에게 나타난 증상으로 체온이 40도까지 올라갔으며, 부검 결과 비장이 커진 것을 알게 되었다. 이것이 ASF 증상이기는 하지만, ASF가 발병하지 않았던 한국에서 이를 ASF와 바로 연결하기란 쉽지 않았을 것이다. 따라서 이들의 초기 대응은 탁월했으나, 다른 모든 사례에 기대할 수는 없다. ASF에 대한 긴장을 놓을 수 없는 이유다.

첫 번째 신고 농장의 행동은 칭찬받아 마땅하다. 농장주는 ASF에 대한 교육을 정확하게 따랐다. 돼지에서 열이 나고, 피부가 이상해지며, 이유 없이 폐사했을 경우 신고해야 한다는 지침을 지켰다. 모돈이 폐사한 것을 발견하자 관리 수의사에서 알렸고, 관리 수의사의 빠른 조치는 ASF가 전국으로 퍼져나갈지도 모를 첫 번째 위험을 막았다.

2019년 9월 17일 06시 30분부터 전국적으로 스탠드스틸(Standstill)이 실시되었다. 스탠드스틸은 2012년 2월 가축전염병예방법 개정으로 도입된 조항으로 가축, 가축 관계자, 축산 차량의 이동을 일시적으로 멈추는 조치다. 주목할 것은 첫 번째 농장에서 의심 신고가 들어온 그날 밤 실험을 거쳐 ASF임을 확인하고, 곧바로 조치를 시행했다는 점이다. 만약 2012년에 신설된 스탠드스틸 조항이 없었다면, 방역심의위원회를 여는 등 시간을 끄는 동안 차량 이동이 계속되었을 것이다. 특히 업무가 시작되는 즈음인 06시 30분이라는 이른 시간에 스탠드스틸이 시작되었다. 적절한 초기 대응이었다.

이후 ASF는 산발적으로 보고되었다. 9월 18일 연천, 9월 23일 김포, 9월 24일 파주에서 발견되었고 확진과 동시에 역학조사와 방역, 살처분 등이 진행되었다. 9월 24일부터 27일까지 강화에서는 계속 ASF가 발견되었고, 결국 9월 28일 강화에 있는 모든 돼지(약 38,000여 마리)를 예방적 차원에서 살처분하는 조치가 결정된다. 이후 며칠 동안 안정을 찾는 듯했으나 10월 1일 파주에서 다시 발생했다. 10월 1일 발견된 곳 가운데 한 곳은 돼지 사육 농가로 등록되지 않아 당국의 관리를 받지 않고 있었다. 방역 등의 작

업을 하기 위해 예찰하던 담당 공무원의 눈에 우연히 돼지를 기르는 농가의 모습이 들어왔고, 양돈업을 정리하고 애완용으로 두 마리의 돼지를 기르던 곳이었다. 사료를 먹이고는 있으나 주민 차량 이외에 특별한 역학이 없었다. 발병 원인은 찾고 있는 중이다. 그리고 10월 2일이 되었다.

이제 한국도 ASF 발병 국가가 되었다. 중국과 베트남에서 ASF로 사육 돼지가 멸종할 지 모른다는 보도가 나온다. 중국과 베트남에 시스템이 없어서 그리 되었을 것이라 생각하면 안 된다. 어떤 위기든 약한 고리가 끊어지면서 터지게 마련이다. 중국과 베트남 역시 그 약한 고리에서 시작했을 것이다. 한국의 약한 고리는 무엇일까? 빠르게 고리를 찾아 끊어지지 않게 보강해야 한다.

II

아프리카돼지열병

아프리카(1921)

아프리카 우간다 정부에 자문을 하던 과학자 몽고메리(R. Eustace Montgomery)는 1921년에 33쪽짜리 논문을 발표한다. 논문에는 아프리카 돼지열병에 대한 자세하고 정확한 연구 결과들이 담겨 있었다. 몽고메리는 1909년 9월부터 1912년 9월까지 모두 15곳의 농장에서 발생한 질병을 분석했다. 총 1,366마리의 돼지가 걸렸고, 1,352마리가 폐사해 98.9%라는 폐사율을 보인 질병이었다. 아프리카 돼지열병을 이야기할 때 나오는 100%에 가까운 폐사율은, 몽고메리가 받았던 충격이 아직까지 전해지고 있기 때문이다.

돼지에 치명적인 이 질병이 사람에게도 감염된다면 상황은 심각해질 것이다. 몽고메리도 이 부분이 궁금했던 것 같다. 소, 양, 개, 토끼, 돼지 등 여러 종류 동물에 이 질병 바이러스를 투여하는 실험에서, 돼지는 거의 100% 폐사했지만 다른 동물에서는 특별한 증상이 관찰되지 않았다. 아프리카 돼지열병 바이러스는 돼지만 특이적으로 감염시켰다. 지금까지 밝혀진 바에 따르면, ASF 바이러스에 감염되는 것으로 물렁진드기 정도가 있다.

몽고메리의 연구는 이어진다. 그는 야생 돼지 한 마리와 사육하는 돼지 한 마리에 아프리카 돼지열병 바이러스 접종 실험을 했다. 바이러스를 맞은 사육 돼지는 7일만에 폐사했는데, 야생 돼지에서는 특별한 증상이 나타나지 않았다. 1차 바이러스 접종이 있은 후 9일이 지나 다시 5배 많은 양의 바이러스를 야생 돼지에 접종했다. 이번에도 이상이 나타나지 않았다. 2차 접종 후 24일이 지나 야생 돼지가 폐사했다. 부검 결과 위장관염이 발견되었지만, 이것이 투여한 바이러스 때문인지는 알 수 없었다. 다만 1차와 2차에 걸친 바이러스 투여, 그리고 두 번째 투여에서는 1차보다 5배 많은 양의 바이러스를 투여했음에도 이상이 없었던 것으로 보아 아프리카 돼지열병과는 무관한 것으로 판단하였다. 이후에 진행된 반복 실험에서도 야생 돼지는 증상을 보이지 않았다. ASF는 아프리카 풍토병이지만, 아프리카에 사는 야생 돼지에 특별한 증상을 나타내지 않았다.

ASF는 무서운 질병으로 알려져 있다. 한국 방역 당국은 ASF를 발견했을 때 실시할 SOP(Standard Operation Procedure)를 짜면서 구제역처럼 발생 농장 주변 3km 안에 있는 모든 돼지를 살처분해야 하는지 필자에 문의해온 적이 있다.

구제역은 공기로 전파된다. 확산의 속도가 빠르고 확산되는 범위가 넓다. 몽고메리도 아프리카 돼지 열병 바이러스의 공기 전파 여부를 살펴보았다. 실험 시설에 곤충이 드나들면 결과에 오류가 생길 수 있어, 곤충으로 인한 오염을 막는 시설을 갖춘 두 개의 방을 준비했다. 두 방 사이에는 방충망을 설치해 공기는 통과하지만 곤충의 이동은 막았다. 돼지끼리의 접촉도 막았다. 감염된 돼지가 있는 방에서 감염되지 않은 돼지가 있는 방 쪽으로 바람이 불게 했지만, 전파는 일어나지 않았다. 몽고메리는 공기 전파에 대한 증거를 찾지 못했다.

ASF에 대한 자세한 연구결과가 담겨 있음에도, 몽고메리의 논문은 크게 주목받지 못했다. 당시 아프리카 돼지열병은 아프리카 지역에만 있는 풍토병으로 여겨졌기 때문이다. 그런데 1957년 유럽에서 문제가 생겼다.

포르투갈(1957)

아프리카 지역에서 피해를 끼치던 ASF가 유럽

에 나타난 것은 1957년이다. 포르투갈 리스본 공항 근처에 있던 돼지 농장에서였다. 이 농장은 잔반 사료를 돼지에게 먹이는 곳이었다. ASF는 감염된 돼지의 이동이나 감염된 돼지로부터 나온 돼지고기를 매개체로 하면 장거리 전파가 가능하다. 아마 아프리카 앙골라에서 온 돼지고기 때문에 리스본 근처 농장에서 ASF가 발병했을 것으로 추정되었다.

포르투갈에서 ASF는 최초 발생 이후 2년 동안 추가 발생하지 않았다. 그러다가 1960년에 포르투갈에서 다시 발생했다. 이때는 전에 발생하지 않았던 포르투갈의 다른 지역을 포함한 유럽 여러 지역에서도 ASF가 발생했다. 이탈리아(1967), 스페인(1969), 프랑스(1977), 몰타(1978), 벨기에(1985), 네덜란드(1986)에서 발병 사례가 보고되었다. 1970년대에는 남아메리카 지역으로 확산되었다. 쿠바(1971), 도미니카

공화국(1978), 브라질(1978), 아이티(1979) 등이 발병 지역이었다. 이렇게 발생한 ASF는 비교적 짧은 기간 안에 잡는 데 성공했다. 그러나 포르투갈, 포르투갈과 국경을 맞댄 스페인에서는 1990년대까지도 ASF 피해가 이어졌다. ASF 바이러스는 감염된 돼지, 감염된 돼지에서 생산된 고기, 돼지고기 가공식품, 돼지고기 음식물 쓰레기, 바이러스에 오염된 차량을 매개체로 빠르게 번졌다.

포르투갈과 스페인 곳곳에서 약 20년 동안 아프리카 돼지열병이 이어졌다. 그런데 시간이 지나면서 100% 가까웠던 폐사율이 낮아지는가 하면, 급성형에서 만성형까지 질병의 양상도 여러 개로 나뉘었다. 드물지만 ASF에 걸렸다가 나은 개체도 관찰되었다.

문제는 이렇게 죽지 않고 살아남은 돼지들이었다. 살아남은 돼지들이 바이러스를 계속 배출하는 지속 감염원이 된 것이다. 바이러스성 질병은 감염에서 회복되면 바이러스가 몸속에 남아 있지 않은 경우가 대부분이다. 그런데 ASF 바이러스는 숙주의 면역 시스템을 피하는 능력이 뛰어나 몸속에 남아 있다. 스페인에서는 돼지와 돼지 사이의 접촉으로 바이러스가 전파되는 일이 흔했는데, 증상 없이 바이러스만 계속 배출하는 지속 감염 돼지의 역할이 컸다. 아직 증상이 나타나기 전 잠복기 동안 바이러스 전파가 일어날 수 있었다. 증상이 없는 돼지, ASF에 걸렸다가 나은 돼지들은 지속 감염 상태였지만 외관은 멀쩡했고, 부검에서도 특징이나 특별한 현미경 소견도 없었다. 구별하는 유일한 방법은 혈청 검사로 항체를 확인하는 방법뿐이었다.

포르투갈 당국은 지속 감염 돼지를 찾기 위해 약 25,000개의 돼지 혈청을 분석했다. 감염에서 회복해 항체를 보유한 개체가 0.9% 정도였고, 이러한 개체가 있는 농장은 전체 농장 가운데 1.4% 수준이었다. 스페인에서도 20,000여 개의 혈청을 검사했다. 양성 개체가 0.75% 정도였고, 전체 농장 가운데 양성인 개체를 찾은 농장은 4% 정도였다.(Botija 1982)

1970~1980년대 포르투갈과 스페인은 증상이 없지만 바이러스에 감염된 돼지를 찾는 데 어려움을 겪었다. 사실상 스페인은 34년 동안 ASF 발생 지역이 되었다. 만약 ASF 대응에 실패한다면 한국에서도 만성화될 수 있다.

1985년, 스페인 정부는 아프리카 돼지열병을 완전히 없애는 목표를 세웠다. 강력한 정책 집행으로 사업을 시작한 지 5년만에 아프리카 돼지열병 발생 지역을 스페인 남부 일부 지역으로 좁히는 데 성공한다. 이 지역은 마지막까지 양성으로 남아 있었다. 이 지역이 양성으로 남아 있었던 이유는, 우선 돼지를 방목해서 키우는 농장이 많았기 때문이다. 이런 경우 차단 방역이 어렵다. 위생 상태가 좋지 않은 농장들도 많았다. 다음으로 이 지역에는 물렁진드기가 살았다. 물렁진드기는 장기간 바이러스를 가지고 있을 수 있다. ASF에 감염된 물렁진드기가 있는 지역에서 ASF를 없애기 힘들었을 것이다. 마지막으로 이 지역에는 국립공원이 있었고, 야생 멧돼지 숫자는 조절되지 않았다.

조지아(2007)

1994년 이후로 스페인에서 추가 ASF 발생은 보고되지 않았다. 그러다가 2007년 동유럽 국가인 조지아에서 다시 모습을 드러냈다. 옛 소련 연방이었다가 독립한 조지아에서 나타난 ASF의 양상은 전혀 달랐다.

2007년 6월 5일 조지아에서 ASF 발생이 공식적으로 보고되었다. 바이러스 유전자를 시퀀싱 검사한 결과, 당시 아프리카 남동쪽 지역에서 발생한 바이러스와 비슷하다는 것이 밝혀졌다. 첫 발생 이후 조지아 몇몇 지역에서 추가 발생 보고가 있었다. 6월 둘째주가 되자 65개 행정구역 가운데 52개에서 발병이 보고되었다. 돼지가 3만 마리 이상 폐사하고, 3,900마리 정도 살처분되었다. 살처분된 돼지가 폐사한 개체의 수가 더 적은 이유는 임상 증상이 있는 돼지만 살처분했기 때문이다. 조지아 전체에서 사육하는 돼지는 50만 마리 정도로, 대부분 영세한 규모의 백 야드(Back Yard) 사육농이 많다. 체계적인 방역 시스템 운용을 기대하기 어려웠다.

역학조사를 했지만 정확한 감염 경로는 밝히지 못했다. 다만 최초 발생 지역이 포티(Poti)라는 항구도시 근처였기에, 외항선으로부터 바이러스 오염이 시작된 것으로 추정했다.

조지아는 러시아와 국경을 맞대고 있다. ASF

바이러스가 조지아에서 러시아로 전파되는 것은 시간문제였다. 2007년 여름, 첫 ASF 발병 이후 조지아 정부는 러시아와의 국경 근처에서 야생 돼지를 모니터링했다. ASF에 걸린 야생 돼지가 국경을 넘어 바이러스를 옮길 수 있기 때문이었다. 조지아에서 ASF가 발생한 지 6개월이 지나지 않은 2007년 12월 4일, 러시아 쪽 멧돼지에서 ASF가 보고되었다.(Gogin, Gerasimov et al. 2013)

조지아와 러시아 접경 지대로부터 매년 100km 이상 북쪽으로 올라오던 ASF는, 2012년에 모스크바 북서부 주변 지역에 도착한다. 그리고 여기서 방향을 바꾼다. 동아시아 쪽이었다. 러시아에서 ASF가 돌아다닌 2007년부터 2016년까지 모두 233,000여 마리의 돼지가 살처분되었다.

2017년 3월 18일, 러시아와 몽골 국경 근처인

이르쿠츠크에서 ASF가 발생했다. ASF가 동쪽으로 방향을 틀었다고는 하지만, 이르쿠츠크는 모스크바 근처 등 당시 ASF가 집중적으로 발생한 곳과 4,000km 떨어져 있는 곳이다. ASF가 한 번에 4,000km의 거리를 뛰어넘을 수 있었던 데는, 이르쿠츠크 지역에서 진행된 러시아 군대의 동절기 훈련을 원인으로 보기도 한다. 모스크바 근처에 있던 러시안 군이 이르쿠츠크로 와서 훈련을 했는데, 군인들이 먹고 남긴 음식물을 이르쿠츠크 지역에서 돼지를 기르는 농장에서 사료로 썼고, 그 안에 ASF 바이러스가 있었을 가능성이다.

중국(2018)

문제는 이르쿠츠크가 몽골과 200km 거리에 있는 도시라는 점이었다. 모스크바 근처에 있던 ASF가 너무 빨리 중국 코앞으로 온 것이다. 중국에는 전 세계에서 기르는 돼지의 절반이 있다. 중국 정부는 다급해졌다. 최악의 경우 100% 폐사율을 보이는 ASF가 200km까지 다가온 것에 긴장해야 했다.

중국 정부는 세계 각국에서 ASF 관련 최고 전문가를 데려와 교육을 진행했다. 또한 대응 시나리오로 훈련도 했다. 2017년 6월, 필자는 한국에서 파견한 전문가 그룹에 포함되어 중국 베이징에서 열린 국제동물보건기구(OIE) 워크샵에 참석했다. 중국에서 ASF가 발병하면 피해 규모를 추산하기조차 어려울 것이고, 전 세계 경제와 식량 문제에도 영향을 줄 것이었다. 이런 이유로 UN 산하 기구인 국제식량기구(FAO) 전문가들도 워크샵에 참석했다.

중국 당국의 노력에도 불구하고 결국 ASF가 발병했다. 중국이 공식적으로 국제사회에 알린 첫 ASF 발병은 2018년 8월 1일이었다. 383마리 규모 농장에서 47마리가 급성으로 폐사한 사례였다. 중국 당국은 반경 6km 안에 있는 913마리를 빠르게 살처분했다.

중국 정부는 ASF 발생 정보를 국제사회에 비교적 자세히 전했다. 중국 정부는 자국에서 발생한 사람이나 동물 전염병 사례를 외부에 노출하는 것을 꺼리는 편이다. 예를 들어 중국에서는 구제역(Foot and Mouth Disease)이 자주 발생하는 것으로 알려져 있지만, 중국 당국은 이를 공식적으로 발표하지 않는다. 때문에 국제 기구는 중국 구제역 발생 데이터를 표시하지 못하고 비워둔다. 중국 당국의 그동안의 태도와 비교해보면, ASF 상황을 국제사회에 자세히 발표한다는 것은 중국 정부가 ASF를 그만큼 심각하게 받아들이고 있다는 말이기도 했다.

중국 정부가 발표한 ASF 최초 발병 이후 8월 15일까지 추가 발생은 없었다. 중국 정부의 초기 대응이 성공한 듯 보였다. 그러나 8월 16일 두 번째 발병이 보고되었다. 이후 ASF는 중국 전역으로 빠르게 퍼져나갔다. 중국 정부는 유례없이 강력한 살처분 정책을 쓰면서 대응했지만, 결국 첫 발생 후 6개월이 지난 시점에 ASF에 대한 통제 불능 상태에 빠진 것으로 보인다.

중국 정부가 초기에 강력한 조치를 취했음에도 너무 빠르게 전국적으로 전파된 것을 보고, 전문가들은 2018년 8월 1일 보고된 첫 사례가 정말 첫 사례인지 의문을 가졌다. 중국 안에서 ASF가 통제 불능 상태에 빠질 무렵, 역학조사 결과가 나오기 시작했다. 내용은 다음과 같다.

첫 발생이 보고되기 5개월 전, 지린 성의 한 농장에서 돼지가 심하게 폐사하는 일이 발생했다. 해당 농장 주인은 살아남은 돼지들을 여러 곳에 팔았다고 한다. 그렇게 돼지를 사간 여러 농장 가운데 한 곳이 공식적인 최초 발생 농장이었다는 것이다. 〈Transboundary and emerging disease〉라는 학술지에 이런 내용이 좀더 구체적으로 나와 있다. 2018년 8월 이전 최초 발생 농장 주변에서 찾은 아프리카 돼지열병 의심 사례에 대해 비교적 자세히 적고 있다.(Zhou, Li et al. 2018)

"2018년 6월 중순부터 랴오닝 성 선양 시 주변에 있는, 잔반을 먹이는 농장의 모든 돼지가 고열, 침울, 피부 발적, 비장 종대, 그리고 림프절, 심장, 신장, 비장 등의 장기에 울혈과 같은 급성 임상증상을 보였다는 소식을 접했다. 증상이 발생한 400마리 모두 1개월 이내에 폐사했고, 그 이후 선양 시 북쪽에 있는 다른 농장에서도 비슷한 증상이 종종 관찰되었다."

ASF는 빠른 신고와 초기 대응이 중요하다. 그

런데 중국에서는 신고가 늦거나 없어, 당국의 초기 대응의 효과를 보지 못했던 것으로 보인다. 대응에 실패한 결과는 참혹했다. 2019년 8월 현재, 중국에서는 적게 잡아도 1억 마리 이상의 돼지가 ASF에 걸려 폐사하거나 방역 차원에서 살처분된 것으로 보인다. 이 숫자는 추정치일 뿐 정확한 것은 아니다. 중국 정부가 정확한 발생 보고 및 통계를 공개하지 않는 방향으로 다시 돌아섰기 때문이다.

필자는 중국에서 아프리카 돼지열병이 빠르게 확산되고 있을 것으로 추정되던 2018년 11월 말에 중국에 갈 일이 있었다. 중국 양돈 전문가에게 ASF 현황을 물었으나 정확하게 모르겠다는 답을 되돌아왔다. 언론에서 발표하는 정보는 없으며, 일부 SNS에서 심각한 상태라는 소문이 돌고 있다고 했다. 전반적으로는 '중국 정부가 잘 대응해 금방 괜찮아질 것으로 보인다'는 답도 덧

붙였다. 그러나 실상은 달랐다. 갑자기 폐사한 돼지가 너무 많아 돼지 사체를 농장에서 길가로 꺼내 놓는데 급급하거나, 죽은 돼지를 미처 파묻지 못해 강에 버리는 장면도 영상을 탔다.

한편 중국 대륙과 떨어져 있는 대만에서 ASF가 발견되기도 했다. 대만 해안에서 돼지 사체가 발견된 것이다. 대만은 1997년 구제역 발생 이후 양돈 산업이 무너졌다가 노력 끝에 구제역 청정화를 선언하기 위해 준비를 하고 있었다. 그런데 해안가에서 돼지 사체가 발견되었고, 돼지 사체에서는 ASF 바이러스가 검출되었다.

베트남(2019)

베트남과 중국은 국경을 마주하고 있으며, 육로교통도 열려 있다. 2016년에 가격이 폭락한 베트남산 돼지와 돼지고기가 중국으로 밀수되다 발각된 적이 있고, 2018년에는 중국산 돼지와 돼지고기가 베트남으로 밀수되는 등 중국과 베트남 사이의 밀수는 잦은 편이다.

이런 이유로 2007년 중국에서 발생한 고병원성 PRRS는 베트남에서도 동시에 일어났고, 돼지유행성설사(PED)도 함께 발병했다. 2018년 2월 15일, 베트남을 떠나 대만으로 들어가던 관광객이 가지고 있던 돼지고기 샌드위치에서 ASF 유전자 양성반응이 나왔다. 당시는 공식적으로 베트남에서 발병이 보고되지 않았던 때였음에도, 베트남산 돼지고기에서 ASF 바이러스가 검출된 것이다. 2018년 2월 19일, 베트남 농장 세 곳에서 ASF가 공식적으로 확인되었다.

베트남으로 ASF가 번진 것은 돼지의 이동이나 감염된 육류 때문일 가능성이 높다. 통계적으로도 국경을 넘는 전파가 일어나면, 이렇게 돼지의 이동이나 감염된 육류를 통해 전파되는 경우가 70% 정도다. 물론 ASF에 걸린 돼지인 것을 알고 동물을 이동시키는 경우는 거의 없다. 즉 모르게 번지는 것이 진짜 위험하다. 바이러스에 감염되고 나서 체내에 바이러스가 증식하고 있지만, 아무런 임상증상이 없는 기간이 1~4일 정도 될 수 있다. 이 기간 동안 돼지가 이동하면 확산될 가능성이 높아지는 것이다. 2019년 9월 현재 베트남은 총 6,000건 넘는 아프리카 돼지열병 감염이 보고되었다.

북한(2019)

베트남과 국경을 맞대고 있는 캄보디아가 공식적으로 아프리카 돼지열병 발병을 보고했고(2019.03.22.), 이후 북한(2019.05.30.), 라오스(2019.06.21.), 필리핀(2019.08.09.), 미얀마(2019.08.14.) 등에서도 ASF 발병이 보고되었다.

북한에서의 첫 발생 보고 이후 북한 내부 소식은 잘 알려지지 않았다. 그러나 조선노동당 기관

지인 《노동신문》이 6월에 "전국 각지에서 아프리카 돼지열병의 전파를 막기 위한 수의비상방역사업이 적극적으로 진행되고 있다."라고 언급한 것을 보면, 사실상 확산 단계이며 초기 대응에 실패했을 가능성도 예상된다.

최초 발생 보고 이후 약 4개월이 지난 2019년 9월 24일, 국정원은 북한에 ASF가 확산되었고, 특히 평안북도는 ASF로 돼지가 거의 모두 폐사하는 단계에 이른 것으로 보인다고 보고했다. 한국에서 ASF 발병이 대체로 휴전선으로부터 10km 이내 지역에서 일어나고 있다는 점도 함께 살펴볼 필요가 있다. 집중적이고 정밀한 역학조사가 필요하다.

III

브리핑 1

발생

한국과 같은 ASF 청정국에서 ASF가 발생했다면 오염된 돼지고기가 들어왔기 때문일 가능성이 높다. 이 경우는 반입할 수 없는 불법 축산물이 외국에서 들어오는 경로를 살펴봐야 한다. 한편 1957년 포르투갈, 1969년 스페인, 1978년 몰타, 1983년 이탈리아, 1985년 벨기에, 2007년 조지아 모두 잔반 사료로 인한 ASF 확산을 추정한다. 중국에서 처음으로 ASF가 발생했다고 보고된 랴오닝 성 선양 시는 러시아 국경에서 500km 이상 떨어진 곳이다. 따라서 바이러스로 오염된 돼지고기가 이미 중국에 들어왔고, 잔반 사료가 되어 선양에서 발생한 것으로 보고 있다. 섬나라인 필리핀에서 발생한 2019년 ASF 발생 사례나, 중국과 돼지고기 밀수출입 네트워크가 있는 베트남도 비슷한 이유였을 것이다.

두 번째 가능성은 야생 돼지를 매개로 한 감염

이다. 2008년 러시아에서 발병한 ASF는 조지아에서 넘어온 야생 멧돼지 때문으로 보고 있다. 2014년에 폴란드, 리투아니아, 라트비아, 에스토니아 등에서도 ASF가 발병했는데 이들 국가는 서로 국경을 맞대고 있는 나라들이다.

전파

최초 발생 이후 다른 농장으로 전파되는 이유로 잔반 사료 경로를 이야기했다. 이를 좀더 자세히 살펴보자. 2013년 러시아에서 최초 감염 후 약 4년동안 ASF의 전파 요인을 분석한 논문이 발표되었다.(Belyanin 2013)

돼지가 이동하면서 감염시킨 경우가 가장 많은데(38.03%), 잔반 사료 전파가 35.21%로 두 번째 요인이다. 연구 결과에 따르면 감염된 농장 주변에서 추가 감염된 사례는 전체 284건 중 5건뿐이었다고 한다. 즉 발생 농장 주변 3km 살

원인	수	%
돼지의 이동에 의한 감염	108	38.03
잔반 사료	100	35.21
원인 불명	65	22.89
감염된 농장 주변에서 추가 감염	5	1.76
ASFV에 감염된 야생 돼지	4	1.41
감염된 돼지의 판매	1	0.35
사람에 의한 직접 접촉	1	0.35
합계	284	100

SCIENTIFIC OPINION Scientific Opinion on African swine fever (EFSA 2014년 자료)

처분으로 무조건 범위를 확산하는 방법보다는, 500m 이내 농장 살처분과 ASF 잠복기인 4~19일 정도의 시간과 차량 등의 역학 관계를 파악해 의심스러운 농장에 대한 선제 조치를 하는 것도 중요하게 고려할 필요가 있다. 2018년 12월 15일, 중국이 밝힌 중국 내 ASF 전파의 주요 원인 가운데도 잔반 사료로 인한 발생이 37%, 타 지역 운송에 의한 발생이 16%였다.

한편 러시아에서 ASF로 폐사하거나 살처분된 돼지가 20여 만 마리인 것에 비해, 중국이 1억 마리 이상 피해를 입은 것에 대해 분석할 필요가 있다. 중국은 국토가 넓고, 중국 정부가 들인 노력이 상당했던 것에 비해 너무 쉽고 빠르게 바이러스가 전국으로 확산되었다. 몇 가지 이유를 살펴보자.

첫째, 신고 문제다. 중국의 ASF 발병 첫 발표는 2018년 8월 1일이었지만, 적어도 6월, 어쩌면 그보다도 전에 중국에서 발병하고 있었을 가능성이 있다.

둘째, 장거리 이동이다. 러시아에서 38%, 중국에서는 42%가 감염된 동물의 이동이나 차량에 의한 전파로 보았다. 그런데 중국은 상대적으로 장거리 이동이 잦았다. 예를 들어 2018년 10월 21일, 29차 발생지는 중국 윈난 성 자오퉁 시의 804마리 규모 농장과 353마리 규모의 농장이었다. 그런데 이곳과 가장 가까운 ASF 발생지는 1,200km 이상 떨어져 있었다. 스탠드스틸 발령으로 차량과 동물의 이동 확산을 막아야 한다.

셋째, 돼지 혈액 성분이 포함된 사료다. 여러 국가에서 돼지의 혈액을 건조시킨 것이나 돼지의 혈장 단백질을 사료에 첨가한다. 문제는 이러한 성분들을 사료로 쓰려면 원래 섭씨 121도에서 30분 이상 가열하는 멸균화 과정을 거쳐야 하는데, 공정을 원칙대로 지키면 단백질 변성으로 규격에 맞추기 어렵다. 그래서 섭씨 80도 수준의 온도를 처리하는 방식을 택하기도 하는데, 이렇게 되면 바이러스를 완벽히 제거하지 못한 상태의 사료가 된다.

증상

ASF에 걸린 돼지는 고열(fever)이 발생한다. 체온이 올라가는 다른 질환인 돼지열병(돼지 콜레라)이나 돈단독과도 비슷한 증상을 보인다. 그러나 돼지열병은 백신 접종으로 100% 방어가 가능하다. 따라서 돼지열병 예방접종을 했는데 돈단독과 비슷한 증상이 나타나면서 고열에 폐사율이 높다면 ASF를 의심해야 한다. ASF 가운데 심한 급성 사례는 뚜렷한 임상증상이 없이도 빠르게 폐사할 수 있다. 뚜렷한 임상증상 없는 갑작스러운 폐사도 주의해야 한다.

• 심급성(고병원성 바이러스 감염)

별다른 증상이나 이상 없이 급사할 수 있다. 보통 이런 경우 외관상 별다른 특징이 없기 때문에, 급성 중독이나 사육장 내 환기 부족으로 질식사한 것으로 보게 된다. 특히 한국처럼 ASF가 없던 나라에서는 별다른 증상이나 이상도 없는데 돼지가 죽으면 ASF로 의심하기 어렵다. 그래서 대부분 첫 번째 사례는 폐사 후 일정 기간이 지난 시점에 신고하기 마련이다. 처음엔 별다른 증상 없이 한 마리가 죽기 때문에 스트레스 등으로 인한 폐사로 보고 대수롭지 않게 생각한다. 그러다 죽은 돼지와 접촉했던 돼지들이 갑자기 추가로 폐사하면 신고하는 것이다. 심급성 폐사에 특히 주의를 기울일 필요가 있다.

• 급성(고병원성 바이러스 감염)

고열(40.5~42°C)이 나타나고, 고열의 결과로

식욕부진이 나타난다. 고열로 인해 돼지가 오한을 느끼면 서로 포개어져 있는데, 이런 행동도 주의 깊게 관찰해야 한다. 폐사가 일어나기 24~48시간 전에 귀 끝 부분, 꼬리, 사지 말단, 가슴과 배 부분의 피부가 붉게 변하는 피부발적이 보일 수 있다. 구토와 설사를 하는 경우도 있으며, 눈곱이 늘어나기도 한다. 감염 후 6~13일 사이에 폐사가 일어나며, 모돈인 경우에는 유산할 수 있다. 급성도 100%에 가까운 폐사율을 보인다.

한국에서 발병한 ASF의 특징은 주로 모돈에서부터 발열과 식욕부진이 나타났다는 점이다. 중국과 베트남에서도 모돈에 먼저 증상을 보였던 사례가 많았다. 모돈이 다른 성장 단계의 돼지보다 더 빨리 증상을 보이는 이유에 대해서 의견이 갈린다. 가장 가능성이 높은 가설은 모돈에는 관리자의 손이 많이 가기 때문에 먼저 발견된다는 것이다.

특히 대부분의 농장에서는 모돈을 스톨이라고 불리는 틀에서 기르는데, 이 경우 모돈의 사료 섭취량이 줄어드는 것을 바로 확인할 수 있다. 관리자가 모돈에 좀더 주의를 기울이게 되므로 비교적 빠르고 정확하게 감염된 돼지를 찾아낼 수 있다는 것이다. 물론 스톨에 갇혀 있는 모돈에 더 많은 스트레스가 발생할 것이므로 면역력 저하가 심해져 ASF가 더 잘 발병할 수 있을 것이라고 보기도 한다.

• 아급성(중등도 병원성 바이러스 감염)

ASF는 심한 경우 100%에 가까운 치사율을 보이지만, 폐사율이 30~70% 수준에 머물기도 한다. 아급성에서 폐사는 대략 감염 후 15~45일 정도에 발생한다. 고열, 식욕부진, 활동성 저하가 나타나기 때문에 감별 진단이 어렵다.

• 만성형(중등도 병원성 또는 저병원성 바이러스 감염)

체중이 줄고, 체온이 불규칙하게 오르내린다. 호흡기 이상 증상, 피부 괴사, 만성적 피부 궤양 및 관절염 등이 발생할 수 있으며, 심외막염, 폐의 유착, 관절의 부종 등이 관찰된다. 폐사율은 낮은 편이다.

원인

ASF는 돼지를 최대 100% 가까이 죽인다. 어떻게 100이라는 숫자가 나올 수 있을까? 1978년, 구제역 등 악성 전염병 연구로 유명한 영국 퍼브라이트 연구소는 몰타에서 분리된 바이러스를 가지고 돼지 15마리에 공격접종을 실시한다. 모든 돼지에서 발열과 식욕부진이 나타났다. 내부 장기 가운데 비장이 커지고, 신장에서 출혈이 생겼으며, 심장근육에서 출혈이 발견되었다. 특징적으로는 심장과 심장을 둘러싼 막 사이에서 맑은 액(pericardial fluid)이 차 있었다는 점이다. 폐에서 울혈(congestion)도 발견되었다.(Wilkinson, Wardley et al. 1981)

ASF의 높은 치사율은 여러 요인이 복합적으로 작용하기 때문이다. ASF를 만난 돼지를 살펴보자. 우선 감염이다. 돼지의 코와 입 부분은 ASF 바이러스의 주 감염 경로다. 돼지는 일단 코부터 갖다 대는 습성이 있는데, 코는 늘 촉촉하게 젖어 있어 감염되기 쉽다. 돼지가 바이러스를 먹어서 감염되는 경로도 있다.

돼지 몸으로 들어온 ASF 바이러스는 대식세포로 들어가서 증식한다. 대식세포는 돼지 몸에서 1차 면역 방어 기능을 담당하는 백혈구 가운데 하나다. ASF 바이러스는 대식세포에 들어가 빠르게 증식하고 세포를 찢으면서 밖으로 나온다. 바이러스에 의해 찢겨진 대식세포가 죽어가

면서, 돼지의 면역 기능은 빠르게 낮아진다.

한편 대식세포를 찢으면서 혈관으로 쏟아져 나온 ASF 바이러스는 이번에는 혈관 안쪽을 감싸고 있는 내피세포로 향한다. 공격받은 내피세포도 죽으면서 혈관에서 떨어져 나가는데, 이때 혈관에서 혈액 누출이 생긴다. 광범위한 출혈이 생기는데, 대표적으로 림프절(lymph node), 신장(kidney), 폐(lung), 소화기(gastrointestinaltract) 그리고 비장(spleen) 등의 장기에서 일어난다(Gomez-Villamandos, Bautista et al. 2013).

ASF 바이러스의 특징 가운데는 적혈구와 결합하는 성질도 있다. 적혈구와 ASF 바이러스가 결합하면 일종의 혈전이 생긴다. 혈전은 말초 혈관을 막는데, 막힌 말초 혈관은 혈액이 가득 찬 것처럼 보인다. 그리고 혈액 응고에 필요한 단백질과 혈소판을 소모시켜 출혈을 쉽게 발생시키기도 한다. 돼지 피부를 포함한 신체 곳곳에서 출혈이 관찰되는 것은, 출혈을 막는 혈소판이 빠르게 줄어들기 때문이다. 한편 혈전이 말초 혈관을 막으면서 혈액으로 가득 차는 울혈(congestion)이 발생한다. ASF에 걸린 돼지의 귀 끝이나 다리, 몸통이 빨갛게 되는 것은 이런 울혈과 출혈 때문이다.

심장에서 보이는 출혈과 염증반응은 심장 기능에 큰 영향을 주었을 것이다. 심장과 심장을 둘러싼 막 사이에서 발견된 맑은 액도 염증반응의 결과로, 이는 ASF가 심장에 부담을 주는 또 다른 요인이다. 그러나 심장 기능이 약해졌다 하더라도 100% 에 가까운 폐사를 설명하기는 힘들다. 어쩌면 심장 기능 저하에 더해지는 40도가 넘는 고열이 문제일 수 있다. 예를 들어 진드기로 전염되는 중증열성혈소판감소증후군(Severe Fever with Thrombocytopenia Syndrome,

SFTS)은 고열과 장기손상을 일으킨다. SFTS에 걸리면 ASF와 같이 혈소판감소증이 일어나고, 사람은 38.7도 이상의 고열이 유지되다가 여러 장기가 기능 부전에 빠지면서 사망한다.(Kim, Yi et al. 2013) 한국에서 조사된 바로는, 사망률은 약 20% 정도다.

심장 등 다른 기관의 혈관 안에서도 작은 혈전이 발생하는 파종성 혈관 내 응고(disseminated intravascular coagulation)가 생긴다. 이런 증상이 생기면 장기들은 기능 부전에 빠지게 된다. 특히 심장과 같은 기관이 급성 기능 부전에 빠진다면 급작스런 폐사를 일으킬 수 있을 것이다.

한편 혈관세포에서 떨어져 나간 세포 조각, 덩어리 진 혈구는 비장으로 모인다. 비장은 심장이나 폐처럼 두드러진 일을 하는 것은 아니지만, 드러나지 않게 중요한 역할을 한다. 비장은 혈액의 필터 역할을 하기도 하는데, 만들어진 지 오래된 적혈구를 없애 재활용할 수 있게 하고, 혈소판이나 백혈구 등 혈구 세포를 저장하기도 한다. 또 사람이나 동물의 면역에서 중요한 역할을 담당한다.

비장은 붉은 핏덩어리 같은 모습이지만, 조직 샘플을 만들어서 현미경으로 보면 하얀 부분 (white pulp)과 붉은 부분(red pulp) 부분으로 나뉜다. 비장은 필터 역할을 하는데, 동맥혈은 비장의 촘촘한 망을 통과해 정맥혈로 흐른다. 비장이 정상적으로 기능하면 이런 망 구조물, 평활근 근육세포, 대식세포들이 안정적 구조를 이루고 있다. 그런데 ASF 바이러스가 비장에 있는 대식세포에 감염되면, 대식세포 안에서 바이러스가 대량으로 증식한다. 대식세포가 망가지면 근육세포는 혈액을 응고시키는 메커니즘을 촉진시키고, 필터 역할을 하는 망 구조물이 막힌다. 드립커피를 만들 때 필터에 이물질이 끼면 커피가 내려오지 못하는 것과 같다.

혈액을 거르는 필터 역할을 해 오래된 적혈구를 없애는 비장의 망이 막히면, 많은 혈구세포가 비장을 빠져나가지 못하고 쌓인다. 울혈이다. 피가 제대로 흐르지 못하고 고여 있으니, 비장은 정상 크기보다 6배까지 커진다.(GomezVillamandos, Bautista et al. 2013) 한국에서 발생한 ASF 사례에서는 두드러지게 비장이 커지는 증상이 발견되었다. 거의 1m 정도까지 길어진 비장을 관찰할 수 있었다.

비장이 커지는 정도가 심해 육안으로 그 변화를 쉽게 알 수 있지만 ASF에서 문제가 되는 것은 비장이 얼마나 커졌는지보다는, ASF에 걸리면 반드시 비장이 커지는가 하는 점이다. 내가 농장주인데, 돼지가 고열로 앓다가 폐사했다. 폐사한 돼지를 부검했는데 비장은 정상 크기라면 ASF일 확률은 얼마나 될까?

1981년 몰타에서 분리된 바이러스로 공격접종한 사례 연구에서, 공격접종 7일 이후 40% 정도 비장이 커지는 현상이 관찰되었다고 한다.(Wilkinson, Wardley et al. 1981) 그러나 100% 비장이 커지는 현상을 관찰했다는 연구도 있다. 2019년 9월 22일 기준으로 한국에서 발생한 ASF 양성 두 건의 사례에서는 모든 돼지의 비장이 커진 것이 관찰되었다. 돼지의 식욕이 떨어지고, 고열이 나고, 비장이 커지는 것을 진단의 기본으로 하고, 추가로 림프절 충출혈, 신장 점상 출혈 등을 살펴볼 필요가 있을 것이다.

다만 농장에서 부검을 하면 혈액 ml당 1억 개 정도까지 들어 있는 바이러스가 퍼져나갈 수 있다. ASF로 의심이 되더라도, 농장에서 직접 부검을 하는 것은 상황을 더 악화시킬 수 있다. 농장에서는 절대로 부검을 하지 말고 반드시 방역기관에 신고해야 한다.

IV

브리핑 2

지역

ASF에 대한 온갖 이야기들이 나오고 있다. 걱정과 의혹을 잠재울 수 있는 유일한 방법은 과학적 데이터를 만들고, 이를 알리는 것이다. 우선 지금까지 알려진 것을 바탕으로 간략하게 정리해보자.

휴전선 부근을 포함해 ASF 발생 지역 근처에는 약 2만 여 마리의 멧돼지가 살고 있을 것으로 추정된다. 2019년 9월 기준으로, 그 전 2개월 동안 이 지역에서 멧돼지 약 500마리의 사체가 발견되었다. 발견된 야생 멧돼지 사체의 바이러스 항원 검사에서 ASF 양성 반응이 나온 적은 없었다. 그런데 남한에서 ASF 발병 공식 발표가 있었던 9월 17일 이후 보름 정도 지난 10월 3일에 군사분계선과 남방한계선 사이에서 ASF 바이러스에 감염된 야생 멧돼지 사체에서 ASF 바이러스를 발견했다.

중요한 것은 경로이고, 더 중요한 것은 지역이다. 북한 야생 멧돼지가 휴전선을 통과해서 남쪽으로 내려오는 것은 매우 어려워 보인다. 남한과 북한 사이에는 다섯 겹의 군사용 철조망으로 차단막이 쳐져 있다. 철조망은 땅 밑으로도 쳐져 있어서 북한의 멧돼지가 남쪽으로 이동해 오는 것은 어려워 보인다.

다만 2019년 9월 17일에 강화군 교동면 인사리 해안가에서 멧돼지 3마리가 발견되었다는 보고가 있고, 2019년 10월 2일 강화군 해안가에 북한에서 내려온 것으로 보이는 야생 멧돼지들이 약 14시간 동안 관측된 보고도 있다. 야생 멧돼지들은 다시 북한 지역으로 돌아갔다고 한다. 또한 북측 비무장지대 외곽에서 죽은 멧돼지 사체가 여럿 관측되고 있고, 결국 ASF 감염 야생 멧돼지가 발견되었다. 그리고 한국에서 ASF가 발병한 곳은 대부분 휴전선과 가까운 곳에 있다.

북에서 왔을 가능성, 남에서 퍼진 ASF에 야생 멧돼지가 감염되었을 가능성 모두 있지만, 농장에서 발생한 것까지 따지면 이 지역에 대한 주의를 높여야 하는 것만은 사실이며, 발생 지역과 미발생 지역을 각각에 해당하는 방역과 검사 등의 조치를 취할 필요가 있다.

바이러스 분석

두 번째는 바이러스 분석이다. 지금까지 모두 7개의 바이러스 유전자가 분석되었다. 분석 결과 중국에서 발생해 베트남, 미안마로 간 Type 2 바이러스와 동일한 계통의 바이러스였다.

모돈

다음은 모돈이다. 2019년 9월 17일 첫 확인은 모돈에서 발병한 사례였다. 2019년 9월 23일,

세 번째 ASF 확진 판정이 나왔다. 김포에 있는 1,800마리 규모의 농장이었다. 새벽 06시 40분경 모돈 네 마리가 유산하고, 폐사했다. 죽은 모돈들은 ASF에 걸려 있었다. 이 농장은 1차 발생지인 파주 농장, 도축장과 역학 관계가 있어 이동제한을 하던 농장이었다. 2곳뿐만 아니라, 9월 18일 연천, 9월 24일 파주, 9월 25일 강화, 10월 2일 파주 등 여러 곳에서 발병한 ASF 사례에도 모돈이 포함되어 있었다. 한국에서 발병하고 있는 ASF와 모돈의 관계를 주목하는 것은 의미가 있어 보인다. ASF에 걸린 모돈에 대한 정보는 아래와 같다.

첫째, 바이러스에 노출된 임신 38일령부터 92일령 사이의 모돈이 유산했다. 즉 임신 일령에서 발생이 가능하다.

둘째, 감염된 지 5일에서 8일 사이, 고열이 발

생한 지 0~3일 사이에 유산한다. 9월 23일 유산했다는 말은, 적어도 9월 18일 이전에 감염되었다는 뜻이다.

셋째, 태반에 반상 출혈이 나타나거나 유산된 새끼 돼지의 피부에서 점상 출혈이 나타난다.

ASF에 걸린 모돈은 유산한다. 중국이나 베트남의 상황을 보면 모돈 발병은 자주 관찰된다. ASF는 임신한 모돈에서 유산을 일으키는 바이러스로 알려져 있다. 그러나 왜 유산이 일어나는지는 아직 모른다. 다만 ASF 바이러스는 모든 일령의 돼지에게 감수성이 있고, 모돈에만 감수성이 있는 것은 아니다. 연구가 필요하다.

V

따져봐야 할 모든 것들

덴마크

덴마크는 세계 최고 수준의 축산 선진국이다. 그런데 2014년 5월 1일, 덴마크의 헤르닝(Herning) 지역 도축장에서 돼지열병으로 의심되는 돼지가 발견되었다는 뉴스가 외신을 탔다. 도축장에 있는 계류장에서 도축을 기다리던 돼지 한 마리가 죽어 있는 것이 발견되었다. 한 마리였고, 특별한 증상도 없었지만 돼지열병일 수도 있다는 의심으로 즉시 도축은 멈추었고, 도축장은 폐쇄되었다. 도축장에서 500여 명의 인부가 일하고 있었는데, 이들도 도축장 밖으로 나갈 수 없도록 조치되었다.

이는 한국으로 치면 군 단위 규모 지자체에서 지역 수의책임자가 권한을 가지고 내린 조치였다. 조치 내용은 엄격한 것이어서, 지역 전체 동물의 이동이 최소 48시간 동안 통제되었다. 실효성 있는 긴급조치가 가능했던 것이다. 다행히 음성으로 밝혀졌고, 수의책임자는 이에 대해 브리핑을 했다.

"돼지열병 의심 사례로 (스탠드스틸 등의 조치를 취해 많은 사람들이) 힘들었지만 미안한 마음을 가지는 것보다 안전한 편이 우선이라고 생각합니다. 만약 돼지열병이 덴마크로 들어온다면 이는 엄청난 재앙이 될 것입니다. 그렇기 때문에 우리는 모든 상황에 극도로 주의를 기울여야 합니다."

덴마크는 오래전부터 돼지열병(Classical Swine Fever, CSF), ASF에 철저한 대비를 해왔다. 의심스러운 개체가 발생하면 망설임 없이 방역을 실시할 수 있는 체계적 대응 전략도 세웠다. 전략의 핵심은 지역 수의책임자에게 강력한 권한을 준 것이다. 의심스러운 상황이 포착되면 지역 수의책임자는 스탠드스틸 같은 강력한 권한으로 조치를 취할 수 있다. 그리고 권한의 강력함에 걸맞는 전문성을 갖춘 훈련된 사람이 수의책임자가 된다.

또한 동물복지의 문제도 있다. 덴마크의 모든 축산 시스템은 운송부터 도축에 이르기까지 동물복지를 고려해 안전하게 진행된다. 이런 이유로 도축을 기다리는 계류장에서 돼지가 죽는 일이 흔하지 않다. 덕분에 한 마리가 죽는 사건도 꼼꼼하게 살펴볼 수 있었던 것이다.

인체 유해성

2003년 조류 독감이 발생했을 때 닭과 오리의 소비가 크게 감소했다. 구제역, 조류 독감 등의 가축 전염병이 발생하면, 해당 축산물의 소비 감소가 함께 일어나고는 한다. 지금 ASF 사태에서도 돼지고기 소비 감소 현상이 함께 나타나고 있다.

가축 전염병의 인체 유해성을 걱정하는 소비자들의 불안 때문이다.

ASF는 사람에게는 안전한 것으로 보고 있다. ASF 바이러스가 돼지 세포에만 있는 특정 수용체에만 반응하도록 진화되었기 때문이다. ASF로 돼지가 죽는 피해는 100년 동안 보고되었지만, 돼지가 가까이에 있던 사람이 감염되었다는 보고는 아직 없다.

한편 한국에서는 바이러스에 감염된 돼지를 도축하지 않는다는 점도 안전성을 높여준다. 우선 농장에서 도축장으로 돼지를 보내기 전에 수의사 검안을 통과해야 한다. 이렇게 도착한 돼지는 도축장에서 일정 시간 동안 머무르면서 고열 등 이상이 있는지를 열화상 카메라 등으로 확인한다. 그리고 이상이 없는 돼지를 도축한다.

마지막으로 ASF 바이러스는 열에 약한 편이다. 섭씨 65도 이상에서는 1분 정도면 불활화된다. 충분히 열을 가하는 조리 과정을 거치면 바이러스는 사멸한다.

강물

새끼를 낳아 젖을 먹이는 돼지는 하루에 20리터 이상의 물을 먹는다. 농장에서 돼지에게 먹이는 물은 지하수를 활용하는 경우가 많은데, 강과 지하수는 서로 연결이 되어 있어 의심해볼 여지가 있다. 휴전선을 중심으로 흐르는 강물에 ASF로 죽은 야생 멧돼지의 사체가 바이러스를 퍼트리고 있을 가능성이다.

확인을 위해 한탄강 수계에서 시료를 얻어 조사했지만, 음성 판정이 나왔다. 그러나 강물을 조사했다는 데에 대해 바이러스 전문가들의 의견은 나뉘었다. 흐르는 물을 걱정할 필요가 없다는 쪽과, 강물도 의심할 수 있다는 쪽이었다.

흐르는 물을 검사해야 한다는 주장을 보려

면 간단한 계산을 해야 한다. 2019년 기준 지난 9년 동안의 통계를 보면, 임진강의 평균 수심은 1.23m이며, 1초에 195.7톤의 강물이 흐르는 것으로 조사되었다. 돼지의 혈액량은 몸무게의 약 6% 정도다. 다 자란 암컷 멧돼지의 몸무게는 60~80kg, 다 자란 수컷 멧돼지의 몸무게는 80~100kg 정도다. 돼지 혈액 1ml에 1억 개 이상의 바이러스가 있다면, 다 자란 수컷 멧돼지 한 마리가 ASF에 감염되었고, 임진강 수계에서 조금씩 피를 흘리고 있는 채 죽어 있다면, 임진강 물 1리터에 35.5개 정도의 바이러스가 있을 수 있다. 몇몇 실험에 따르면 10개 이상의 바이러스만으로 감염이 일어날 수 있다고 한다. 물은 모두 연결되어 있으므로 반드시 강 옆에 멧돼지가 죽지 않더라도, 강과 연결된 옆에 사체가 있다면 확산의 가능성이 있다고 보는 것이다.

흐르는 강물을 걱정하지 않아도 된다는 주장

도 설득력이 있다. ASF에 감염된 멧돼지가 하천 근처에서 죽었다고 하더라도, 외상을 입지 않았다면 피를 흘리지 않을 것이므로 바이러스를 계속 배출할 수가 없다. 같은 맥락에서 발병한 다음 흐르는 물에서 바이러스를 찾으려 노력하는 것은 큰 실효성이 없다는 주장도 있다.

환경과학원은 9월 23일부터 26일까지 3일 동안 ASF가 발생한 포천, 연천, 파주, 김포를 가로지르는 한탄강, 임진강, 및 한강 하구 등 20곳에서 하천수를 채취해서 검사했다. 모두 바이러스가 검출되지 않았다. 시료를 채취한 곳에는 휴전선 부근을 지나는 한탄강, 임진강 등의 합류 지점이 최소 5곳 이상 포함되어 있다. 시료를 얻을 수 있는 타당한 곳으로 보인다.

문제는 검사 지점이 아니라 검사한 양일 수 있다. 흐르는 강물을 검사할 때의 문제는, 바이러스가 있어도 검출하기 어렵다는 점이다. 숫자만

놓고 보면 샘플 20개는 사태의 위중함에 비해 충분한 숫자는 아닌 것으로 보인다. 다만 환경과학원은 이번 분석에서 100ml의 하천수를 100배 농축해 검사했다고 발표했다. 발표대로 농축한 샘플이며, 시료 채취 선정이 잘 되었다면 숫자 자체가 문제는 아닐 것이다. 그러나 총량에서 문제가 될 수는 있다.

미국 미시시피 대학 연구팀은 미국에 ASF가 유입될 가능성을 찾기 위해 미시시피 강 주변에 있는 교통량이 많은 도로 옆 연못 12군데를 선정, 연못물에 대한 NGS(Next Generation Sequencing) 검사를 진행했다. 연못물에 섞여 있는 유전자 조각을 찾아, 연못물에 어떤 미생물과 동물이 있는지 알아내는 검사법이다. 그런데 미시시피 대학 연구자들은 검사를 위해 80리터의 물을 농축해 실험했다. 양의 차이는 분명해 보인다.

확진

ASF 관련 경험이 많은 미국 수의병리학자 김인중 박사는 죽은 돼지의 혈액을 뽑아 검사하는 방법에 문제가 있을 수 있다고 말한다. 혈액에서 바이러스 농도가 높은 것은, 대식세포 안에서 바이러스가 대량으로 증식하기 때문이다. 대식세포를 분리하려면 살아 있는 돼지의 전혈 샘플이 가장 좋고, 어렵다면 부검을 통해 비장 등 바이러스 농도가 높은 장기로 실험을 하는 것이 바람직하다.

한편 경기도 북부에서 얻은 샘플을 경상북도 김천에 있는 농축산검역본부에 보내 검사하는 것이 옳은 일인가를 지적하는 목소리도 있었다. 이 위급한 순간에 차로 4시간 거리에 있는 곳으로 검사를 보내는 것에 대한 문제 제기다. 그러나 농축산검역본부는 오랫동안 ASF에 대한 대비를 해왔고, 신뢰할 수 있는 기관이다. 헬리콥

터를 동원해 샘플을 옮기고 있다고 하니 정부 부처를 넘어서는 위기 대응은 바람직해 보인다.

멧돼지와 야생동물

확산을 막는 차원에서 야생 멧돼지 대책이 필요하다. 휴전선 남쪽에도 많은 수의 야생 멧돼지가 살고 있다. 이 멧돼지들은 남한에서 ASF를 확산시킬 수 있다. 물론 넓은 지역에 흩어져 살고 있는 야생 멧돼지 대책을 단기간에 마련하는 것은 어렵다. 인위적인 개체 수 조절도 현실 가능성을 넘어 생태적으로 신중하게 살펴야 한다. 그러나 이번 사건을 계기로 리스크 관리 차원에서 장·단기적인 대책이 필요해졌다.

야생 멧돼지가 ASF에 감염되기 시작하면 ASF를 해당 지역에서 없애기가 어렵다. 매우 드물지만 ASF에 감염되었다가 살아남은 야생 멧돼지는 평생 바이러스를 배출하는 보균 돼지가 되기 때문이다. 이런 이유로 ASF가 야생 멧돼지 등에 퍼진 동유럽의 여러 나라와 러시아에서는 문제가 심각하다.

따라서 야생 멧돼지에 대한 정기적인 감시와 검사 시스템이 중요하다. 한국에는 약 30만 마리 이상의 야생 멧돼지가 살고 있는 것으로 본다. 야생 멧돼지의 활동 영역은 넓다. 2012년 7월 한국 야생 멧돼지 활동권 분석을 위해 멧돼지에 GPS를 달아 추적하는 연구가 진행되었다. 오대산에 포획한 두 마리, 한려해상국립공원에서 포획한 한 마리 등 세 마리에 GPS 위성추적 발신기를 달아 6개월 동안 조사했다. 수렵과 포획이 금지된 오대산에서는 멧돼지가 하루에 최대 2.38km^2까지를 활동 반경으로 삼았다. 현재 한국은 돼지열병(CSF)을 대비하기 위해 1년에 1,400~1,700개 정도 수렵된 야생 멧돼지에서 시료를 채취해 검사하고 있다.

마지막으로 등산이나 트래킹을 할 때 야생 멧돼지가 먹을 수 있는 음식물을 가져가는 행위, 음식물 쓰레기를 묻어두고 오는 행위 등이 일으킬 수 있는 위험에 대해 홍보하고 교육해야 한다. 또한 야생 멧돼지가 먹이 부족으로 인해 민가로 내려와 음식물 쓰레기를 뒤지는 일이 생기지 않도록 관리할 필요도 있다. 외국에서 규정을 어기고 반입된 축산물에 ASF 바이러스가 오염되어 있다가, 산에 버리고 온 음식물 쓰레기를 통해 야생 멧돼지에게까지 전달되는 것이 불가능하지 않기 때문이다.

살처분

ASF 사태와 관련해 국무총리는 국회에서 "매뉴얼을 뛰어넘는 강력한 선제조치"를 언급했다. 이는 강도 높은 살처분을 뜻한다. 그러나 강력한 선제조치가 강도 높은 살처분과 등식을 이루어서는 안 된다. 중국과 베트남에서 ASF를 겪은 임상수의사들은 돼지의 식욕이 떨어지고, 열이 나는 증상을 ASF로 연결하지 못하다가 순식간에 확산되곤 한다고 증언했다. ASF는 구제역과는 다른 질병이다. 예를 들어 ASF가 발병한 농장 바로 옆에 있던 농장에서는 ASF가 발병하지 않았던 사례도 보고되었다. 선제적 살처분은 역학 관계가 의심되는 농장 등에 대한 조치여야 한다. 살처분 범위를 넓히는 방향의 대책은 주의해야 한다.

ASF는 구제역과 다른 양상의 질병이다. 구제역은 공기로 전파되지만 ASF는 접촉으로 전파된다. 다만 잠복기가 길고 발병 이후 돼지가 죽은 속도가 빠르기 때문에, 의심스러운 곳을 중심으로 고리를 잘 끊어주는 것이 필요하다.

사실 살처분보다 중요한 것은 뒤처리다. ASF를 일으키는 바이러스는 생존 기간이 길고, 환경저항성이 높은 것으로 알려졌다. 살처분 후 매몰

된 동물에 대한 뒤처리, 발생 농장에 대한 소독, 농장 안에 있는 분변 등을 위생적으로 완벽하게 처리하는 일, 살처분에 참여한 인원과 장비에 대한 위생 관리 등에 행정력을 집중해야 한다. 구제역은 돼지가 죽으면 같이 사멸하지만 ASF 바이러스는 그렇지 않다. 죽은 개체나 분변 안에서도 최소 100일 이상 살아 있을 수 있다.

열화상 카메라

ASF에 걸린 모돈을 열화상 카메라로 찍으면, 정상 돼지보다 체온이 높아 전체적으로 오렌지 색깔 영상이 보인다. ASF에 감염된 돼지의 체온은 40도에 이른다. ASF 발생 지역에서 열화상 카메라로 발병 개체를 촬영한 임상전문 수의사인 박경훈 원장에 따르면, 열화상 카메라로 고열의 돼지를 찾아내는 것이 상대적으로 쉬웠다고 한다.

임상 예찰을 할 때, 열화상 카메라로 의심스

러운 개체를 찾아내고, 이 개체들을 정밀하게 살펴보는 방향으로 프로세스를 잡을 수 있을 것이다. 다만 고열이 계속되다가 7일이 지나면 체온이 감소되는 사례가 1981년에 보고된 적이 있다. 열화상 카메라를 적극적으로 활용하되, 절대적으로 신뢰해서는 안 된다.

스탠드스틸

스탠드스틸은 효율적인 방법이다. 스탠드스틸이 실시되면 48시간 동안에 사람과 차량이 멈춘다. 감염병의 확신을 막는 데 유용하게 쓰일 수 있다. 단 스탠드스틸이 이동제한에 그쳐서는 안 된다. 스탠드스틸의 효과를 제대로 보려면, 이 기간 동안 모든 축산 관련 차량과 도축장이 완벽하게 세척, 소독, 건조되어야 한다. 48시간이 지나면 다시 돌아다닐 것이기 때문이다. 스탠드스틸은 리셋(reset) 단추와 같아야 한다. 기간 연장의 효과를 계산하는 것 못지않게, 실효성 있게 운용해야 한다.

불법 반입 축산물

인천국제공항으로 들어오는 비행기 편 수는 하루에 약 500여 편이다. 이 가운데 ASF, 구제역 등 가축 질병 발생국에서 오는 비행기는 평균 400여 편이다. 사실상 전수검사는 불가능하다. 따라서 위험 국가, 위험 지역에서 오는 항공기 탑승객과 수화물을 중심으로 검사하게 된다.

필자는 2018년 9월 7일, 농림축산식품부 검역정책과의 부탁으로 ASF 관련 자문을 위해 검역 현장을 방문할 기회가 있었다. 인상적이었던 것은 검역탐지견의 활약이었다. 검역탐지견과 검역을 담당하는 사람 두 명이 한 조를 이뤄, 여행객의 수화물과 소지품 검사를 했다. 탐지견은 식물성과 동물성을 가리지 않고 음식물 냄새를 맡아 검역요원들에게 알리면, 요원들이 해당 가방에 여행객이 뗄 수 없는 전자태그를 붙인다. 전자태그가 달린 짐은 입국장을 그대로 나갈 수가 없으며, 입국장 한쪽에 마련된 검사장에서 검사를 받아야 한다. 압수품 적발 건수는 식물성, 동물성 음식물을 합쳐 하루 평균 500건 정도 된다고 한다.

당시 기준으로 검역탐지견이 총 46마리, 탐지요원은 27명이 있다고 했다. 검역탐지견과 탐지요원이 모두 현장에서 뛰어도 전체 여행객의 12% 정도를 검사하는 데 머무른다. 보강이 필요하다. 농업의 비중이 높은 오스트레일리아의 경우 이런 종류의 검역이 까다로운데, 30% 정도까지 검사를 실시한다고 한다.

그럼에도 불구하고 여행객들이 계속 축산물을 가지고 들어온다면, 위험을 줄이기는 어렵다. 아무리 인력을 보강한다고 해도 100% 전수 검사를 할 수는 없다. 따라서 처음부터 가지고 들어올 생각을 하지 않도록 관리해야 한다.

대만은 불법 휴대 축산물 과태료를 최초 위반했을 때 약 730만 원, 두 번째 위반하면 약 3,600만 원 수준으로 내야 한다. 물론 가지고 들어오는 것을 잡기보다는, 아예 가지고 들어오지 않도록 홍보하는 것이 중요하다. 입국 과정에서 저지르는 의도적 위반 못지않게, 위반 규정을 모르는 여행객도 많다. 소시지나 돈피 튀김 등 가공 식품 등은 특히 착각하기 쉽다. 규정을 지킨 가공식품은 바이러스성 질환을 전염시킬 가능성이 낮지만, 그럼에도 불구하고 들여오려면 모두 정식 검역 절차를 밟아야 한다.

또한 밀수를 막는 것도 중요하다. 2018년 초 관세청 발표에 따르면 설과 대보름을 앞두고 불법 먹거리 밀수범 52명을 잡았다고 한다. 밀수입 8건, 부정수입 6건 등 총 775억 어치의 불법 수

	1차	2차	3차
기존 과태료	10만 원	50만 원	100만 원
상향된 과태료 (2019.06.01. 시행)	500만 원	750만 원	1,000만 원

아프리카 돼지열병 발생국산 휴대축산물 미신고 반입자 과태료 상향(농림축산식품부)

	처벌
일본	3년 이하 징역 또는 100만 엔(약 1,100만 원)이하 벌금
대만(ASF 발생국에서 반입 시)	최대 100만 대만 달러(약 3,600만 원)의 벌금

불법 휴대축산물 반입 관련 처벌 해외 사례

입이 있었는데 소고기, 돼지고기 등 불법 축산물 수입도 약 4,000만 원 어치(무게로 약 2톤 물량)나 있었다고 한다. 관세청, 농림부, 해양경찰 등과 공조해 밀수 식품 단속에도 신경 써야 한다.

잔반 사료

2018년 1년 동안 불법 반입 축산물에서 찾아낸 ASF 바이러스 건수는 4건이었다. 그런데 2019년 상반기에만 15건을 찾았다. 전수검사가 아닌 입국하는 수화물의 일부에서 찾아낸 것이 이 정도면, 더 많은 불법 반입 축산물 속 ASF 바이러스가 들어오고 있다고 의심할 수 있다.

농림부와 가축위생방역본부는 2018년 4월에 한국에서 돼지를 기르는 농가 6,374호를 조사했다. 이 가운데 잔반 사료를 쓰는 농가가 총 384곳이었다. 열처리 없이 사람이 먹다 남긴 음식물을 곧바로 돼지에게 먹이는 농가는 96곳이었다.

ASF 바이러스가 들어 있는 불법 반입 축산물이 음식물 쓰레기가 되어 이 96곳의 농가에 전달되었다면, ASF가 발병할 가능성이 있다.

그런데 ASF 대책에 대한 농림부와 환경부의 입장은 달랐다. 예를 들어 농림부는 식량 자원인 사육 돼지를 지켜야 하고, 환경부는 생태계의 일부인 야생 동물을 지켜야 한다. 잔반 사료도 마찬가지다. 농림부는 외국의 ASF 사례를 기준으로 잔반 사료 금지를 주장했다. 사람이 먹다 남긴 음식물로 돼지를 키우는 경우가 선진국에서는 흔하지 않기 때문이다. 조지아, 러시아, 중국, 베트남, 미얀마, 필리핀에서 조사된 바로는 ASF의 주요 원인이 음식물 쓰레기를 이용한 사료였다. 반대로 음식물 쓰레기를 어떻게든 줄여야 하는 환경부 입장에서는 음식물 쓰레기 활용 사료를 유지하고 싶을 것이다.

정부 부처가 추구해야 하는 철학과 정책 목표

가 다른 것에 문제를 제기할 수는 없다. 여러 이해관계가 충돌할 수밖에 없는 국가 공동체라면, 각 이해관계가 충분히 견제와 균형의 메커니즘 속에서 조절될 필요가 있다. 이것이 정부 부처 운영에 반영되는 것은 자연스럽고 필요한 일이다.

그러나 현장을 반영하지 않는 정책은 반드시 문제를 일으킨다. 환경을 위해 음식물 쓰레기를 없애는 것은 중요하다. 단 이미 선진국들 그와 같은 방법으로 음식물 쓰레기를 줄이려 하지 않는다. 이미 1년 전인 2018년 8월, 중국에 ASF가 창궐해 지금까지 1억 마리 넘는 돼지가 사라졌다. 잔반 사료가 원인 가운데 하나로 제시되었음에도, 한국은 2019년 7월 25일부터 잔반 사료 공급 중단을 결정한다. 그나마도 전면 금지가 아니라 자가 처리 금지였다. 전문 처리업자가 공급하는 사료는 계속 허용되었다. 그리고 파주에서

종류	ASF 바이러스 생존 기간
살코기, 분쇄육	105일
염지육	182일
가열육(70℃에서 최소 30분)	0
건조육	300일
훈연육, 가공육	30일
냉동육	1000일
냉장육	110일
내장	105일
피부, 지방(건조)	300일
혈액(4℃ 보관)	18개월
상온방치	11일
부패한 혈액	15주
감염된 돼지우리	1개월

축산 관련 물품 별 아프리카돼지열병 바이러스 생존 기간 (자료: FAO ASFV 매뉴얼)

1차 ASF가 발생하자 그제야 전면 금지가 실시되었다.

환경을 위한 남은 음식물 처리도 중요하지만 ASF에 대한 경고는 이미 2년 전부터 제기되었다. 1년 전에 주변국에서 발병해 심대한 피해를 불러왔고, 음식물 쓰레기 사료 전면 금지를 요청하는 전문가들과 농장주들의 주장이 계속되었다. 한국은 이미 2010년부터 2011년까지 구제역으로 350만 마리가 넘는 돼지와 소를 땅에 묻었다. 이로 인한 환경오염은 모두 따질 수 없을 만큼 광범위했다. 진짜 환경을 지키는 길에 대한 논의가 필요하다.

신고

ASF에 대한 과학적 문제들이 모두 풀리지 않은 상황에서, 현실적으로 유일한 대책은 빠른 신고다. 2019년 10월 현재, 양돈수의사회와 농림부는 의심신고 농장을 대상으로 역학조사를 하고 있다. 현장 경험이 많은 수의사들은 중요한 정보들을 찾아내고 있다. 대표적인 것으로 식욕감퇴 현상에 집중해야 한다는 것이다. 양돈학에서는 피부 청색증, 피부 출혈, 구토 등을 주요 징후들로 보고 있지만, 실제로 이런 증상들은 거의 보이지 않는다고 한다. 따라서 식욕이 줄었다 싶은데, 열이 조금 있다면 주저하지 말고 당국에 신고해야 한다.

신고가 중요함에도 농장주를 망설이게 하는 이유는 여러 가지가 있다. 이런 저런 이유로 농장 방문일지가 잘 정리되어 있지 않거나, 농장에서 일하고 있는 외국인 노동자 등재가 안 되어 있다면, 농장주가 ASF 신고를 했을 때 이런 문제로 살처분 보상 비용을 덜 받게 될 수 있다. 초기 신고의 중요성을 알고 있지만 살처분 보상 비용이 줄어들 것을 고민하는 그 얼마 동안의 시간을, 정부와 유관 협회 등은 기꺼이 사들여야 한다. 무조건 신고 접수를 독려하고, 신고하면 그에 따른 여러 보상을 해줘야 한다.

백신

양돈 현장에서 주로 문제가 되었던 바이러스는 대부분 RNA 바이러스로 돼지유행성설사(PED), 돼지열병(CSF), 돼지생식기호흡기증후군(PRRS) 등 모두 RNA 바이러스다. RNA 바이러스의 유전물질인 RNA는 DNA에 비해 상대적으로 불안정하다. 변이가 쉽게 일어나고 체외 환경에서 쉽게 불활화되기도 한다. 그런데 ASF 바이러스는 DNA 바이러스다. RNA 바이러스에 비해 상대적으로 안정적일 수 있다.

ASF 바이러스는 Asfarviridae 과, Asfivirus 속에 속한다. ASF 바이러스는 보통 알려진 바이러스보다 10배 정도 많은 유전자를 가지고 있다. 아프리카 돼지열병 바이러스의 유전자 염기서열은 약 17만~19만 개 수준으로 보통의 동물 질병 바이러스보다 10~20배 더 크다. 유전자에서 만들어질 수 있는 단백질의 개수는 이론적으로 151개 수준인데, 바이러스를 직접 구성하는 단백질은 28가지다. 151개에서 바이러스를 직접 구성하는 28개를 빼면 123개의 단백질이 남는데, 이 단백질은 숙주의 면역 기능을 회피하는 데 필요한 도구로 쓰일 수 있다.(Cardoso de Carvalho Ferreira 2013)

유전자가 많기 때문에 바이러스의 크기가 다른 바이러스보다 크다. 돼지 써코 바이러스(Porcine Circovirus)가 17nm, 돼지 생식기호흡기 증후군 바이러스(PRRS)가 40~50nm 정도인데, ASF 바이러스는 200nm 정도다. ASF 바이러스가 크고 복잡하다는 것은, 이를 잡는 면역이 어려워 백신을 만들기가 어렵다는 뜻이다.

한편 ASF 바이러스는 IAP 단백질, Bcl-2나 Bcl-XI 등과 비슷한 단백질을 만들어내는데, 감염된 세포가 세포사멸(apoptosis)하는 것을 억제하고 세포 안에 들어간 바이러스들이 신속하게 대량으로 복제되도록 한다.(Ghosh, May et al. 1998) ASF 바이러스는 T세포, NK세포 표면에 발현하는 CD2 단백질과 비슷하게 생긴 CD2v 단백질을 만들어낸다. 즉 돼지 몸 안에 있는 면역 기능을 수행하는 관련 유전자들의 발현을 교란시킨다.(Dixon, Abrams et al. 2004) 즉 ASF는 생존 능력이 뛰어난 바이러스다.

한편 ASF 바이러스를 구성하는 전체 유전자 가운데 약 절반에서 2/3 정도의 유전자는 바이러스 복제와 관련이 없으며, 숙주의 면역 시스템을 회피하는 기능과 관련되어 있는 것으로 보고 있다. 이렇다 보니 바이러스의 단백질 일부를 발현해서 면역 획득에 필요한 항원만 만드는 백신(서브 유닛 백신)은 효과가 없다. 오히려 백신을 접종한 돼지가 접종하지 않은 돼지보다 더 빨리 죽기도 했다.(Sunwoo, Pérez-Núñez et al. 2019) 즉 아직 ASF는 백신은 없다.

ASF 백신이 개발되지 않은 외부 요인으로는 ASF가 오랫동안 아프리카와 유럽 일부 지역에서만 문제를 일으키는 풍토병이라는 인식이 강했기 때문이다. 거의 100년 전에 발견된 질병에 백신이나 치료제가 없는 이유는 상품성이 적다고 판단한 백신 업체들은 ASF 백신 개발에 소극적이었다.

그러나 새로운 흐름이 만들어지고 있다. ASF로 35년 동안 문제가 되었던 스페인에서 생독 백신을 개발하고 있다. 호세 산체스(Jose Sanchez) 교수 연구팀은 최근에 실시한 공격접종 실험에서 90%에 해당하는 돼지가 ASF 바이러스 접종 실험에서 살아 남은 결과를 발표했다. 이미 큰 피해를 본 중국 정부는 호세 산체스 연구팀의 백신 도입에 적극적이며, 2019년 6월 EU도 연구팀에 1,000만 유로의 연구비를 추가 지급하기로 결정했다.

참고문헌

Belyanin, S., (2013), Dynamic of spreading and monitoring of epizootological process of african swine fever in Russian Federation. PhD Thesis. (Authors Abstract), Pokrov, (in Russian)., Available at: http://vniivvim.ru/dissertation/advert/

Botija, C.S., (1982)., African swine fever. New developments, <Rev. sci. tech. Off. int. Epiz>, pp.1065-1094.

Cardoso de Carvalho Ferreira, H., (2013), Towards an improved understanding of African swine fever virus transmission, <Utrecht University Repository>.

Dixon, L.K., Abrams, C.C., Bowick, G., Goatley, L.C., Kay-Jackson, P.C., et al, (2004), African swine fever virus proteins involved in evading host defence systems, <Veterinary Immunology and Immunopathology>, pp.117-134.

Gallardo, C., Soler, A., Nieto, R., Cano, C., Pelayo, V., et al, (2017). Experimental Infection of Domestic Pigs with African Swine Fever Virus Lithuania 2014 Genotype II Field Isolate, <Transboundary and emerging diseases>, pp.300-304.

Gogin, A., Gerasimov, V., Malogolovkin, A., and Kolbasov, D., (2013). African swine fever in the North Caucasus region and the Russian Federation in years 2007–2012. <Virus Research> pp.198-203.

Gomez-Villamandos, J.C., Bautista, M.J., Sánchez-Cordón, P.J., and Carrasco, L., (2013), Pathology of African swine fever: The role of monocyte-macrophage, <Virus Research>, pp.140-149.

Howey, E.B., O'Donnell, V., Cardoso de Carvalho Ferreira, H., Borca, M.V., and Arzt, J., (2013), Pathogenesis of highly virulent African swine fever virus in domestic pigs exposed via intraoropharyngeal, intranasopharyngeal, and intramuscular inoculation, and by direct contact with infected pigs, <Virus Research> pp.328-339.

Montgomery, R.E., (1921), On a form of swine fever occurring in British East Africa (Kenya Colony). <Journal of Comparative Pathology and Therapeutics>, pp.159-191.

Sunwoo, S.Y., Pérez-Núñez, D.,Morozov, I., Sánchez, E.G., Gaudreault, N.N., et al, (2019), EFFORTS TOWARDS DEVELOPING AN AFRICAN SWINE FEVER VACCINE, <Journal for Veterinary Medicine, Biotechnology and Biosafety>, p.32.

Wilkinson, P.J., Wardley, R.C., Williams, S.M., (1981), African swine fever virus (Malta/78) in pigs, <Journal of Comparative Pathology>, pp.277-284.

Zhou, X., Li, N., Luo, Y., Liu, Y., Miao, F., et al, (2018), Emergence of African Swine Fever in China, 2018, <Transboundary and emerging diseases>, pp.1482-1484.